SACHBUCH

WIR ENTDECKEN UND BESTIMMEN

VÖGEL

Peter Holden

VÖGEL

Deutsche Fassung
von Hans Joachim
Conert

RAVENSBURGER BUCHVERLAG

Illustrationen von Trevor Boyer und Christine Howes

Deutsche Erstausgabe
als Ravensburger Taschenbuch
Band 3015
erschienen 1996

Erstmals in den Ravensburger
Taschenbüchern erschienen 1978
(als RTB 491)

Die Originalausgabe erschien 1978
im Verlag Usborne Publishing Ltd., London
unter dem Titel „Spotter's Guide to Birds“

Umschlagillustration : Jens Schmidt
unter Verwendung von Motiven des
Originalumschlags

RTB-Reihenkonzeption:
Heinrich Paravicini, Jens Schmidt

**Gesamtherstellung: Appl, Wemding
Printed in Germany**

6 5 4 01 00 99

ISBN 3-473-53015-8

SACHBUCH

INHALT

Einleitung

Wie man dieses Buch benutzt

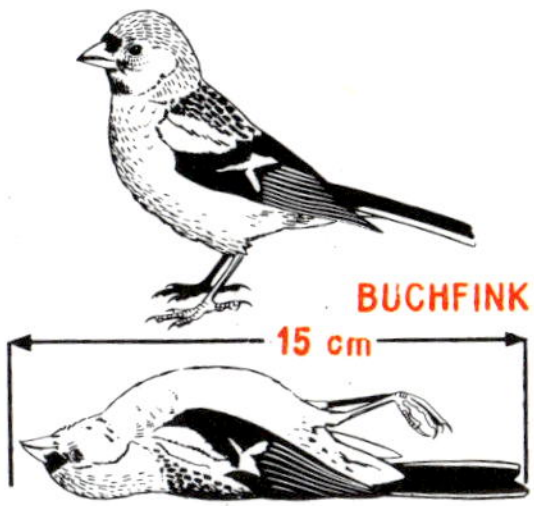

Wie oft hast du nicht schon einen interessanten Vogel gesehen. Aber wenn du zu Hause oder in der Schule davon erzählen solltest, fehlte dir der Name. Dieses Buch kann dir in Zukunft helfen.

Sobald du einen Vogel entdeckt und genau beobachtet hast, blätterst du die Bilder durch, und meist wirst du die Art abgebildet finden. In dem Kreis neben dem Tiernamen kannst du diesen Vogel dann abhaken.

Männchen ♂ und Weibchen ♀ sehen bei den Vögeln im Sommerkleid meist recht verschieden aus. Deshalb sind beide Geschlechter abgebildet. In der Beschreibung ist die Größe von Schnabelspitze bis Schwanzende angegeben. Außerdem werden Lebensraum und Nahrung vermerkt.

Die Punktekarten

Seite	Art (Name des Vogels)	Pkt.	Datum	Datum	Datum
00	Krähenscharbe	25			
00	Baßtölpel	25			
00	Kormoran	25			
00	Ringelgans	25			
00	Kanadagans	20			

Am Ende des Buches findest du Punktekarten. Für eine häufig vorkommende Art erhältst du fünf Punkte, für eine nur zeitweise auftretende dagegen 25. Vielleicht entdeckst du sogar Vögel, die bereits sehr selten oder gar vom Aussterben bedroht sind. Dafür kannst du dir 20 Sonderpunkte aufschreiben.

Für welche Gebiete dieses Buch gilt

Die gelbgetönten Gebiete in dieser Europakarte zeigen dir die Länder, in denen du dieses Buch benutzen kannst. Natürlich ist nicht jeder Vogel abgebildet, der hier vorkommt. Du wirst bald bemerken, daß die meisten Vögel nur an bestimmten Stellen und zu bestimmten Zeiten vorkommen, zum Beispiel in Gärten und Feldern, in Wäldern oder an der Küste. Hinweise darauf findest du in der Beschreibung.

Warum man Vögel beobachtet

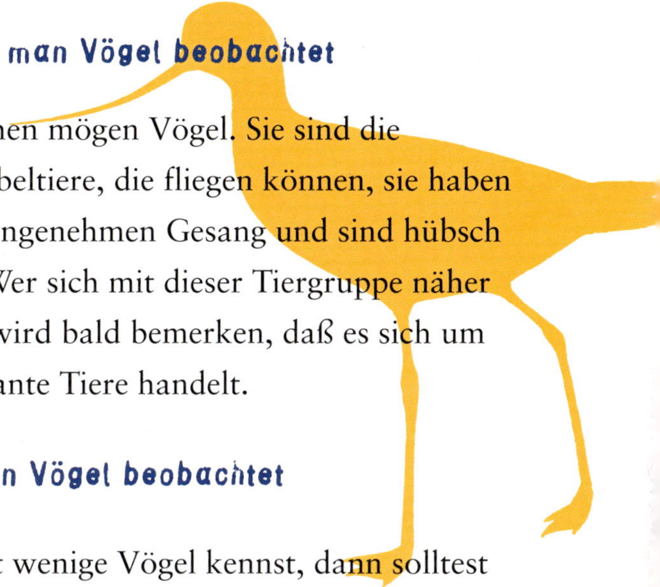

Viele Menschen mögen Vögel. Sie sind die einzigen Wirbeltiere, die fliegen können, sie haben meist einen angenehmen Gesang und sind hübsch anzusehen. Wer sich mit dieser Tiergruppe näher beschäftigt, wird bald bemerken, daß es sich um hochinteressante Tiere handelt.

Wie man Vögel beobachtet

Wenn du erst wenige Vögel kennst, dann solltest du dich in den ersten Tagen darauf beschränken, eine oder zwei Vogelarten ganz genau zu beobachten. Versuche erst einmal, den Namen herauszufinden und dir einzuprägen. Dann vergleiche den Vogel mit der Abbildung und merke dir seine auffälligsten Merkmale – zum Beispiel Form, Farbe, Größe und so weiter. Danach kannst du versuchen, Männchen und Weibchen an ihrem Kleid zu unterscheiden. Sicher wird es dir auch möglich sein festzustellen, was der Vogel frißt. Erst wenn du dir das alles eingeprägt hast, solltest du dir die nächste Art vornehmen.

Was man an Vögeln beobachtet

Nicht nur die äußere Form ist wichtig, wenn man einen Vogel bestimmen will – häufig auch sein Gesang oder die Art und Weise, wie er fliegt, läuft oder schwimmt.

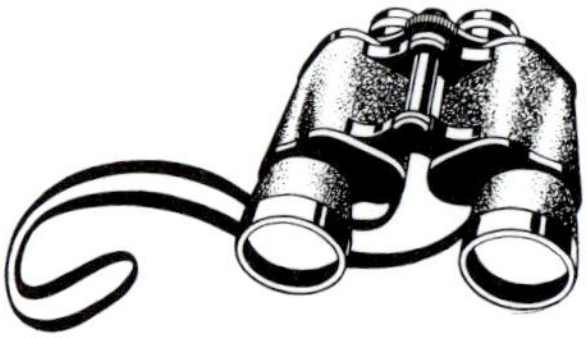

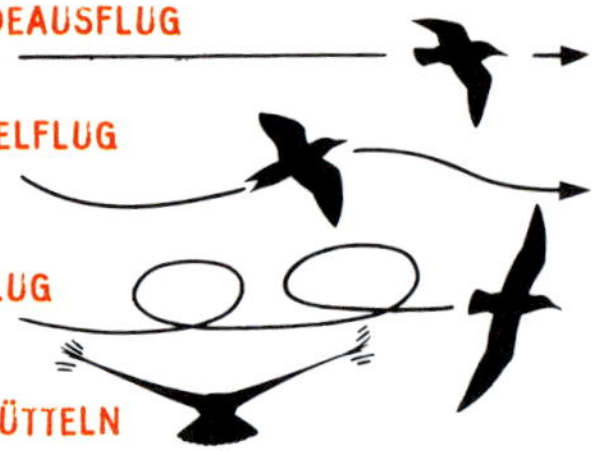

Das Fernglas

Vögel sind meist scheue und kleine Tiere, an die man nicht dicht herankommen kann. Deshalb brauchst du zur Beobachtung ein Fernglas. Am besten sind Geräte mit der Vergößerung 8 x 30 oder 8 x 40 geeignet.

Das Notizbuch

Bei der Beobachtung eines Vogels fallen dir so viele Dinge auf, daß du sie gar nicht alle behalten kannst. Deshalb solltest du auf jeder Wanderung Notizblock und Bleistift mitnehmen und deine Beobachtungen aufschreiben.

KRÄHENSCHARBE

Etwa 75 cm lang. Seltener Irrgast auf Helgoland und zuweilen an der Nordseeküste. Brütet in Kolonien. Scheitelhaube nur im Prachtkleid. Jungvögel braun. Taucht nach Fischen.

BASSTÖLPEL

Etwa 90 cm lang. Brütet an den Nordseeküsten. Stößt ins Meer, um Fische zu fangen. Taucht bis 15 m tief. Jungvögel sind dunkler.

KORMORAN*

Etwa 90 cm lang. Küste der Nord- und Ostsee. Im Ruhekleid fehlen die weißen Flecken. Jungvögel sind braun. Brütet in Kolonien auf Bäumen.

RINGELGANS*

55-60 cm lang. Brütet an der Küste der Nord- und Ostsee. Schnabel und Beine schwarz.

KANADAGANS*

90-100 cm lang. Nur im Winter manchmal an unseren Küsten zu sehen.

GRAUGANS*

75-90 cm lang. Brütet in Nordostdeutschland. Schnabel orange oder rosa. Ausschließlich Pflanzenfresser.

DER WEISSE FLECK AM KOPF IST GRÖSSER ALS BEI DER KANADAGANS

NONNENGANS*

60-70 cm lang. Im Winter an der Nordseeküste zu sehen. Brütet auf Felsen, äst auf Feldern und Wiesen.

SAATGANS* ●

70-90 cm lang. Überwintert auch in Mitteleuropa.

KURZSCHNABELGANS* ●

60-75 cm lang. Überwintert auch an den deutschen Küsten. Schnabel kürzer als bei der Saatgans.

BLÄSSGANS ●

65-76 cm lang. Brütet in Sibirien, überwintert an den deutschen Küsten.

ZWERGSCHWAN

SINGSCHWAN

HÖCKERSCHWAN

HÖCKERSCHWAN ●

Der bei uns häufigste Gänsevogel. Wird auch halbzahm in Parks gehalten. Hat einen Stirnhöcker. Füße dunkelgrau. Junge braungrau und ohne Höcker. Gründelt im Wasser bis 1,5 m tief. Kann einen Hund töten.

Länge:
Singschwan 150 cm
Zwergschwan 122 cm
Höckerschwan 150 cm

STOCKENTE

Etwa 58 cm lang. Die größte europäische Ente. Stammform der Hausenten. Fast an allen Gewässern.

KRICKENTE*

Etwa 36 cm lang. Brutgebiete im Alpenvorland. Zieht im Winter nach Süden. Lebt in Mooren und Sümpfen.

PFEIFENTE*

Etwa 46 cm lang. Brütet in Nordostdeutschland. Überwintert in Südasien, Nordafrika und Südeuropa. Lebt in Sümpfen und an großen Seen.

SPIESSENTE*

Erpel bis 66 cm, Ente bis 56 cm lang. Brütet in Norddeutschland. Überwintert in West- und Südeuropa. Hat einen auffallend langen Schwanz.

LÖFFELENTE

Etwa 50 cm lang. Brütet in Norddeutschland. Filtert kleine Lebewesen aus dem Wasser.

TAFELENTE

Etwa 45 cm lang. Brütet in Mitteleuropa. Lebt an Teichen und Seen, ernährt sich von Wasserpflanzen.

REIHERENTE

Etwa 43 cm lang. Brütet in Norddeutschland und Bayern. Taucht bis 15 m tief nach Nahrung.

EIDERENTE*

Etwa 58 cm lang. Brütet in Nordwestdeutschland. Oft ist sie im Rheintal und auf dem Bodensee zu sehen. Frißt Muscheln, Krebse und Würmer.

SCHELLENTE*

Etwa 45 cm lang. Brütet in Nordostdeutschland. Zugvogel mit schellendem (klingelndem) Fluggeräusch. Ernährt sich von Würmern und Insekten.

MITTELSÄGER*

Etwa 58 cm lang. Brütet und überwintert an der Ostsee. Ernährt sich von Fischen, die mit den gezähnten Schnabelrändern festgehalten werden.

GÄNSESÄGER*

Etwa 65 cm lang. Brütet im Alpenvorland, vor allem in fischreichen Gewässern. Fische werden von mehreren Vögeln gemeinsam gejagt.

BRANDGANS

60-65 cm lang. Brütet an der Küste der Nord- und Ostsee. Viele Vögel ziehen zur Mauser in die Deutsche Bucht. Frißt Weichtiere. Fliegt mit über 90 km/h.

HAUBENTAUCHER*

Etwa 48 cm lang. Brütet und überwintert in Mitteleuropa. Lebt an Teichen und Seen. Taucht bis 40 m tief. Ernährt sich von Fischen.

ZWERGTAUCHER

Etwa 27 cm lang. In Deutschland der häufigste Taucher. Lebt an Binnengewässern. Ruf: ein schrilles Trillern.

GRAUREIHER*

Etwa 90 cm lang. Brütet auf Bäumen, bei uns vor allem in Norddeutschland. Fängt Fische, Frösche und Mäuse mit dem Schnabel.

WEISSSTORCH*

Etwa 102 cm lang. Brütet in Mitteleuropa, ist aber sehr selten geworden. Ernährt sich von Fröschen, Insekten, Regenwürmern, Schnecken, Mäusen.

FISCHADLER

50-58 cm lang. Brütet heute nur noch in Brandenburg und Mecklenburg und überwintert in Westafrika. Fliegt mit etwa 50 km/h. Erbeutet Fische.

STEINADLER

70-90 cm lang. Brütet bei uns nur in den Alpen und in Nordostdeutschland. Jagt Hasen sowie junge Rehe und Gemsen. Jungvögel haben weiße Flecken auf Schwanz und Flügeln.

ROTMILAN

Etwa 60 cm lang. Brütet auch bei uns. Lebt in waldigen Gegenden mit Wasser. Frißt Vögel, Mäuse, Hamster und Abfälle.

MÄUSEBUSSARD

50-56 cm lang. Auch bei uns häufig. Brütet im Wald, braucht aber zur Jagd Felder und Wiesen. Rüttelt über einer Stelle und stößt blitzschnell auf Mäuse, Würmer und auch Vögel herab.

SPERBER

28-38 cm lang. Brütet auch bei uns und überwintert hier. Lebt vor allem in Nadelwäldern. Jagt meist Singvögel.

TURMFALKE

32-35 cm lang. In ganz Mitteleuropa häufig. Fliegt im Rüttelflug auf einer Stelle und jagt Mäuse, Maulwürfe und Vögel. Brütet oft in Kolonien.

BAUMFALKE*

30-34 cm lang. Brütet bei uns, überwintert in den Tropen Afrikas und Asiens. Lebt auf feuchten, baumbestandenen Wiesen. Jagt Vögel und Insekten, die er in der Luft erbeutet.

WANDERFALKE*

38-48 cm lang. Bei uns fast völlig ausgerottet. Brütet auf Bäumen, Klippen und sogar in Ortschaften. Erreicht im Sturzflug bis 300 km/h. Jagt Vögel.

HABICHT*

47-61 cm lang. Bei uns fast völlig ausgerottet. Lebt in Wäldern und Feldern. Jagt Vögel und Kleinsäugetiere bis zum Hasen. Tötet mit den Krallen.

WESPENBUSSARD

51-58 cm lang. Brütet bei uns, überwintert im tropischen Afrika. Lebt in Wäldern und Wiesen. Ernährt sich von Insekten, deren Nester er ausgräbt.

TEICHHUHN

Etwa 33 cm lang. Bei uns häufig. Lebt an großen Teichen und Seen, auch an Parkweihern. Frißt Wasserpflanzen, aber auch Insekten, Spinnen und Würmer.

BLÄSSHUHN

Etwa 38 cm lang. Bei uns häufig. Lebt an Parkweihern und großen Seen. Frißt Wasserpflanzen und Vogeleier. Kann gut tauchen. Rennt schnell über das Wasser.

WACHTELKÖNIG*

Etwa 27 cm lang. Bei uns sehr selten. Lebt in feuchten Wiesen und Mooren. Bewegt sich geschickt durch die Pflanzen und sucht Insekten, Würmer und Schnecken.

WASSERRALLE

Etwa 28 cm lang. Bei uns sehr selten. Lebt am Rande von Gewässern. Kann gut schwimmen und tauchen. Lebt von Insekten, Würmern, Mäusen und Kleinvögeln.

MOORSCHNEEHUHN

SCHOTTISCHES MOORSCHNEEHUHN

Etwa 40 cm lang. Hat mehrere Mausern im Jahr und ist im Winter weiß. Brütete früher auch in Ostpreußen, heute ausgestorben. Das Schottische Moorschneehuhn ist eine besondere Rasse, es hat kein weißes Winterkleid.

ALPENSCHNEEHUHN

Etwa 36 cm lang. Winterkleid weiß, aber beim Männchen ein schwarzer Streifen zwischen Auge und Schnabel. Lebt in den Alpen oberhalb der Baumgrenze. Frißt Pflanzen und Insekten.

BIRKHUHN*

Hahn etwa 54 cm, Huhn etwa 40 cm lang. Brütet auch bei uns (noch). Lebt auf Heideflächen und Mooren. Die Jungen fressen Insekten, später Früchte und Samen.

AUERHUHN*

Hahn etwa 86 cm, Huhn etwa 62 cm lang. Bei uns größter Hühnervogel. Heute nur noch in den Alpen und Mittelgebirgen. Frißt Blätter und Knospen, später Beeren und Eicheln.

REBHUHN

Etwa 30 cm lang. Oft auf Feldern und Mooren. Kann gut laufen. Frißt anfangs Insekten, später Früchte und Samen der Unkräuter.

FASAN

Hahn etwa 80 cm, Huhn etwa 60 cm lang. Oft auf Feldern zu sehen. Schläft auf Bäumen. Frißt Beeren, Eicheln, Blätter, aber auch Insekten, Würmer, Schnecken und Kleinsäuger.

ROTHUHN

Etwa 34 cm lang. Bei uns ausgestorben, Einbürgerungsversuche erfolglos. Bodenbewohner. Lebt von Früchten und Knospen, Insekten und Spinnen.

KIEBITZ

Etwa 30 cm lang. Brütet bei uns und überwintert in warmen Landesteilen. Lebt auf Sümpfen, Mooren, Wiesen und Äckern. Kann gut fliegen und laufen. Friß Würmer, Insekten und Sämereien

AUSTERNFISCHER

Etwa 43 cm lang. Ist an der Küste der Nordsee häufiger als an der Ostsee. Läuft am Strand herum und sucht Muscheln und Würmer.

STEINWÄLZER

Etwa 23 cm lang. Im Sommer an unseren Küsten (selten), brütet aber in Nordeuropa. Dreht Steine und Tang um, um an die daruntersitzenden Insekten, Würmer und Schnecken zu kommen.

DIE REGENPFEIFER LAUFEN SCHNELL AUF DEM STRAND DAHIN, STOPPEN DANN PLÖTZLICH UND PICKEN NACH NAHRUNG, BEVOR SIE GENAUSO SCHNELL WIEDER DAVONRENNEN.

SANDREGENPFEIFER

Etwa 19 cm lang. Brütet an der Nord- und Ostseeküste, überwintert im Mittelmeergebiet und Afrika. Lebt auf dem Watt. Frißt Krebse, Insekten und Würmer.

FLUSSREGENPFEIFER

Etwa 15 cm lang. Brütet an Flüssen und Seen. Zieht im Winter nach Süden. Kann gut und schnell fliegen. Ernährt sich von Schnecken, Muscheln und Würmern.

GOLDREGENPFEIFER*

Etwa 28 cm lang. Brütet mit wenigen Paaren in Nordwestdeutschland. Zieht im Winter nach Süden.

ROTSCHENKEL*

Etwa 28 cm lang. Brütet bei uns in Norddeutschland und überwintert in Südeuropa. Lebt auf feuchten Wiesen und in Sümpfen.

GRÜNSCHENKEL

30-31 cm lang. Zieht im Frühjahr und Herbst über unser Gebiet. Lebt auf Heideflächen, Mooren, Wiesen und an Gewässern. Fliegt in kleinen Gruppen.

FLUSSUFERLÄUFER*

Etwa 20 cm lang. Brütet bei uns – nur nicht im Nordwesten. Lebt an Ufern von Flüssen und Seen. Frißt Insekten, Würmer, Schnecken, aber auch Wasserpflanzen.

UFERSCHNEPFE*

Etwa 40-41 cm lang. Brütet in Norddeutschland. Zieht im Herbst nach Süden und Westen. Frißt Insekten, Würmer und Schnecken.

PFUHLSCHNEPFE

Etwa 38 cm lang. Brütet in Nordeuropa und zieht im Frühjahr und Sommer über unser Gebiet, einzelne Vögel bleiben hier. Fischt im flachen Wasser nach Würmern, Schnecken und Insekten.

REGEN-BRACHVOGEL

Etwa 41 cm lang. Brütet in Nordeuropa und zieht im Frühjahr und Herbst durch unser Gebiet. Lebt auf Heideflächen und in Mooren, auch an der Küste.

GROSSER BRACHVOGEL*

53-58 cm lang. Nur wenige Paare brüten auch bei uns auf Mooren, feuchten Wiesen und in Heidegebieten. An der Nordsee als Zugvogel häufig zu sehen. Kann gut und über 6000 m hoch fliegen.

ALPENSTRANDLÄUFER

17-19 cm lang. Der bei uns häufigste Strandläufer. Brütet an der Küste von Nord- und Ostsee. Hat im Binnenland Winterquartiere. Lebt auf Mooren, Sümpfen und Strandwiesen.

KNUTT

Etwa 25 cm lang. Vor allem an der Nordsee als Zugvogel zu sehen. Fliegt von Grönland bis Südafrika, in Höhen bis 7000 m. Sucht im Watt nach Muscheln, Schnecken und Insekten.

SANDERLING

20-21 cm lang. Brütet im hohen Norden und überwintert an der Nordsee. Läuft auf dem Watt am Rande der Wellen hin und her und sucht nach kleinen Tieren.

KAMPFLÄUFER*

Männchen etwa 30 cm, Weibchen etwa 23 cm lang. Brütet in Nordostdeutschland und überwintert im Mittelmeergebiet. Frißt Insekten, Würmer und Früchte.

WALDSCHNEPFE

34-36 cm lang. Brütet in Mitteleuropa in Laub- und Mischwäldern. Frißt Insekten, Würmer und Schnecken. Fliegt erst in der Dämmerung.

BEKASSINE*

Etwa 27 cm lang. Brütet in Norddeutschland. Lebt auf Sümpfen, Mooren und Wiesen. Wird abends aktiv. Ernährt sich von Würmern, Schnecken und Insekten.

SÄBELSCHNÄBLER

Etwa 43 cm lang. Brütet in Kolonien an der Nord- und Ostseeküste und überwintert in Süd- und Westeuropa.

RINGELTAUBE

40-44 cm lang. Bei uns die größte und häufigste Taube. Lebt in Wäldern, Parks und Grünanlagen. Bildet im Herbst große Schwärme.

HOHLTAUBE*

Etwa 33 cm lang. Brütet bei uns in Baum höhlen, überwintert in Südwesteuropa. Lebt in Wäldern und Parks. Bildet im Herbst Schwärme, oft mit der Ringeltaube zusammen.

FELSENTAUBE

Etwa 33 cm lang. Stammform der Haustaube. Brütet auf Felsklippen, aber auch auf Gebäuden. Frißt Früchte, Samen und Knospen, Schnecken und Insekten.

TÜRKENTAUBE

28-32 cm lang. Seit 1946 be uns eingebürgert. Lebt vorwiegend in Dörfern und ernäh sich vom Futter der Hühner und Enten, frißt aber auch Beeren u Samen.

TURTELTAUBE

27-30 cm lang. Bei uns einheimisch, fehlt aber im Alpenvorland. Überwintert im tropischen Afrika. Lebt in lichten Wäldern und Parks.

TORDALK*

40-41 cm lang. Brütet in Deutschland nicht mehr (bis 1959 auf Helgoland). Lebt vorwiegend auf dem Meer und taucht nach Fischen.

TROTTELLUMME

Etwa 42 cm lang. Brütet auf Helgoland und an einigen Stellen der Ostsee. Lebt auf dem Meer. Kann sehr gut schwimmen und taucht bis 10 m tief nach Fischen und Krebsen.

EISSTURMVOGEL

Etwa 47 cm lang. Brütet im Norden. Lebt auf dem Meer. Fliegt meist im Gleitflug über den Wellen. Kann gut schwimmen und auch tauchen. Frißt vor allem Abfälle.

PAPAGEITAUCHER*

30-31 cm lang. Brütet im Norden und kommt ab und zu an der Nordseeküste vor. Ernährt sich von Fischen und Krebsen, Muscheln und Würmern.

LACHMÖWE

Etwa 38 cm lang. Brütet in Mitteleuropa auf Sümpfen, feuchten Wiesen, an Teichen und Seen sowie zwischen Dünen in Kolonien. Auch im Binnenland häufig zu sehen.

MANTELMÖWE

Etwa 74 cm lang. Ist an den deutschen Küsten im Sommer zu sehen, brütet hier aber nicht. Lebt auf Felsklippen und Heidegebieten. Nicht im Binnenland.

HERINGSMÖWE

52-56 cm lang. Brütet an der Nordseeküste und ist hier oft zu sehen. Frißt Vogeleier und Jungvögel, sucht aber auch Müllhalden nach Futter ab.

STURMMÖWE

Etwa 41 cm lang. Brütet an der Küste und im Binnenland bis zu den Alpen. Frißt Kleintiere, aber auch Abfälle.

SILBERMÖWE

56-66 cm lang. An der Küste die häufigste Möwe. Brütet in Kolonien an den Küsten, auch im Binnenland. Frißt Jungvögel und Eier anderer Seevögel, aber auch Abfälle und Aas.

KÜSTENSEESCHWALBE*

FLUSS-SEESCHWALBE

Etwa 36-38 cm lang. Der Küstenseeschwalbe sehr ähnlich. Brüten beide an der Küste, sind selten im Binnenland zu sehen. Stürzen sich aus dem Flug ins Wasser und jagen Fische.

TRAUER-SEESCHWALBE

Etwa 24 cm lang. Brütet im norddeutschen Flachland und fliegt im Winter nach Afrika. Lebt an Gewässern.

ZWERG-SEESCHWALBE

Etwa 20 cm lang. Brütet an den Küsten, aber auch an der Donau. Zieht im Winter nach Afrika. Stößt ins Wasser und erbeutet Fische, Krebstiere und Würmer.

SCHLEIERKAUZ

SCHLEIEREULE*

Etwa 34 cm lang. Brütet auf Felsen, in Baumhöhlen, aber auch in Scheunen. Jagt nachts nach Mäusen, Maulwürfen, Fröschen und Insekten.

STEINKAUZ*

Etwa 22 cm lang. Brütet in Baumhöhlen. Lebt auf baumbestandenen Feldern. Jagt nachts Kleinsäuger, Vögel, Insekten, Frösche und Eidechsen.

WALDKAUZ

37-40 cm lang. Von unseren Eulen die häufigste. Lebt in Wäldern und Parks. Schläft tagsüber auf Bäumen. Erbeutet Mäuse und Kaninchen sowie Vögel.

SPERLINGSKAUZ*

15-17 cm lang. Brütet im Schwarzwald, in den Alpen und in manchen Mittelgebirgen in Nadelwäldern. Fliegt auch am Tage. Jagt Tannenmeisen und andere Kleinvögel, Mäuse und Insekten.

SUMPFOHREULE*

Etwa 38 cm lang. Brütet in Norddeutschland und auf einigen Nordseeinseln. Lebt auf Mooren, nassen Wiesen, zwischen Dünen. Jagt auch tagsüber nach Kleinsäugern und Vögeln.

WALDOHREULE

33-36 cm lang. Brütet in Nadel- und Mischwäldern, auch in Parks und Baumhöhlen. Ist nachts aktiv und frißt hauptsächlich Mäuse.

RAUHFUSSKAUZ*

24-36 cm lang. Brütet in den Alpen, in Mittelgebirgen sowie in Norddeutschland in Nadelwäldern. Jagt nachts Kleinsäuger, Vögel und Insekten.

ZWERGOHREULE

Etwa 19 cm lang. Brütet in Mitteleuropa, aber nicht bei uns. Lebt in lichten Waldlandschaften und Parks. Jagt nachts Vögel, Kleinsäuger und Heuschrecken.

WIEDEHOPF* ●

Etwa 28 cm lang. Brütet bei uns mit Ausnahme Nordwestdeutschlands und überwintert in Afrika. Lebt auf Wiesen und Weiden. Frißt Insekten, die er vom Boden aufpickt.

ZIEGENMELKER* ●

(oder Nachtschwalbe) Etwa 27 cm lang. Brütet in Heidegebieten und Mooren. Überwintert in Afrika. Jagt in der Dämmerung Käfer und Nachtfalter.

KUCKUCK ●

32-37 cm lang. Lebt in Wäldern und Gärten. Überwintert in Afrika. Das Weibchen legt Eier in fremde Nester, wo sie ausgebrütet werden.

EISVOGEL ●

Etwa 16 cm lang. Brütet an Flüssen, bleibt auch im Winter bei uns. Stößt aus der Luft ins Wasser und jagt Fische. Hat einen schrillen Pfiff.

BUNTSPECHT

23-25 cm lang. Bei uns der häufigste Spechtvogel. Lebt in Wäldern und Parks und hackt Insektenlarven aus morschen Bäumen.

SCHWARZSPECHT

45-48 cm lang. Der größte bei uns vorkommende Specht. Lebt in Nadel- und Mischwäldern. Hackt große Löcher in Baumstümpfe, um Insekten zu erbeuten.

GRÜNSPECHT

32-35 cm lang. Brütet in Laub- und Mischwäldern in Baumhöhlen. Hält sich viel auf dem Boden auf und fängt Ameisen, aber auch Hummeln und Käfer. Frißt auch Früchte.

KLEINSPECHT

Etwa 15 cm lang, so groß wie ein Spatz. Brütet in Laub- und Mischwäldern sowie Parks. Bewohnt Baumkronen. Frißt Insekten, aber auch Früchte.

RAUCHSCHWALBE

Etwa 19 cm lang. Brütet bei uns, überwintert in Afrika. Baut Nester aus Lehm, meist im Innern von Gebäuden. Fliegt dicht über dem Boden und fängt Insekten.

MAUERSEGLER

Etwa 16 cm lang, dunkle Unterseite. Brütet bei uns an Felswänden und Gebäuden, überwintert in Afrika. Kann sogar fliegend schlafen. Fliegt bis 100 km/h.

UFERSCHWALBE*

Etwa 12 cm lang. Brütet an den Steilwänden von Ufern, wo sie eine Röhre anlegt. Überwintert in Afrika. Fängt in niedrigem Flug Insekten.

MEHLSCHWALBE

Etwa 13 cm lang. Baut ihre Nester aus feuchter Erde an Felsen oder an den Außenwänden von Gebäuden. Jagt meist in größerer Höhe als die Rauchschwalbe nach Insekten. Lebt in Kolonien.

FELDLERCHE

Etwa 17 cm lang. Steigt im Frühjahr über den Feldern auf und singt unermüdlich. Brütet bei uns und zieht zum Teil im Winter nach Süden. Frißt Pflanzen und Insekten.

HAUBENLERCHE

Etwa 17 cm lang. Singt erst, wenn die Flughöhe erreicht ist. Brütet bei uns, ist sehr zutraulich. Frißt Pflanzenteile und Insekten. Baut das Nest auf dem Boden.

WIESENPIEPER

Etwa 15 cm lang. Brütet und überwintert bei uns. Lebt auf offenen Flächen und sucht im Boden nach Pflanzenteilen, Insekten und Würmern.

BAUMPIEPER

Etwa 16 cm lang. Lebt in lichten Wäldern und Heidegebieten. Sucht Insekten vom Boden auf.

HECKENBRAUNELLE

Etwa 15 cm lang. Sehr selten und schwer zu sehen. Lebt in Nadel- und Mischwäldern.

TRAUERBACHSTELZE

BACHSTELZE

Etwa 18 cm lang. Die Trauerbachstelze ist eine Rasse, die vor allem in England, aber auch an unseren Küsten brütet. Sobald die Stelzen sich niedersetzen, wippen sie mit dem Schwanz auf und ab.

JUNGVÖGEL SIND GRAU

♂

SOMMER

GEBIRGSSTELZE

Etwa 18 cm lang. Lebt stets in der Nähe von Bächen. Sucht Insekten vom Boden oder aus dem flachen Wasser.

♂

BLAUKOPFIGE RASSE MITTELEUROPA

♂

GELBKOPFIGE RASSE ENGLAND UND HELGOLAND

SCHAFSTELZE

16-17 cm lang. Es gibt mehrere Rassen, von denen die gelbkopfige auf Helgoland vorkommt, die blaukopfige Normalform in Mitteleuropa, eine dunkelkopfige in Skandinavien und eine graukopfige in Südwestdeutschland.

♂

IBERISCHE RASSE SPANIEN UND PORTUGAL

♂

DUNKELKOPFIGE RASSE SKANDINAVIEN

SEIDENSCHWANZ

Etwa 18 cm lang. Bei uns nur als Wintergast aus dem Norden. Frißt Beeren, Obst und (beim Brüten) Insekten.

WASSERAMSEL*

Etwa 18 cm lang. Brütet an Flüssen und Bächen mit sauberem Wasser. Stürzt sich ins Wasser, um Insektenlarven und Kleikrebse zu fangen.

ZAUNKÖNIG

9,5-11 cm lang. Eher durch seine Triller zu hören als zu sehen. Nistet in Hecken und Gebüschen. Frißt Insekten und Spinnen.

NEUNTÖTER*

17-18 cm lang. Brütet hier, überwintert in Afrika. Lebt in Gebüschen, auf Feldern. Fängt Insekten, Frösche und Mäuse.

RAUBWÜRGER*

Etwa 24 cm lang. Brütet und überwintert bei uns. Lebt an Waldrändern und Gebüschen sowie in Parks. Jagt Vögel und Kleinsäuger. Rüttelt oft über einer Stelle.

SCHILFROHRSÄNGER

Etwa 13 cm lang. Brütet bei uns, überwintert im tropischen Afrika. Lebt an Ufern von Teichen und Seen, in Sümpfen und Getreidefeldern. Ernährt sich von Spinnentieren und Insekten.

TEICHROHRSÄNGER

Etwa 13 cm lang. Brütet bei uns, überwintert in Afrika. Bewohnt dichte Schilfbestände in denen er auch sein Nest baut. Frißt Insekten, die er auc in der Luft fängt, seltener Beeren.

GARTENGRASMÜCKE

Etwa 14 cm lang. Brütet in baumbestandenen Wiesen und an Waldrändern, überwintert in Afrika. Frißt Insekten und auch Beeren.

MÖNCHSGRASMÜCKE

Etwa 14 cm lang. Brütet bei uns in Parks, Wäldern, und Gärten.

DORNGRASMÜCKE

Etwa 14 cm lang. Der Gesang ist weniger schön als bei verwandten Arten. Brütet bei uns in Gebüschen und Hecken, an Feldern und Wegrändern. Sucht Insekten vom Boden.

FITIS

Etwa 11 cm lang. Gehört zu den häufigeren Singvögeln. Brütet bei uns, überwintert in Afrika. Lebt in feuchten Wäldern und Parks. Das Nest wird auf dem Boden gebaut, ist aber gut versteckt.

ZILPZALP

Etwa 11 cm lang. Seinen Namen hat er nach seinem Gesang. Kommt im März zum Brüten zu uns. Lebt in Wäldern, Parks und Friedhöfen, oft in Wassernähe. Sucht nach Insekten und Spinnen.

WALDLAUBSÄNGER

Etwa 13 cm lang. Brütet bei uns, zieht aber bereits im August nach Afrika, kommt Ende April zurück. Lebt in Laubwäldern und Parks. Das Nest steht auf dem Boden.

TRAUERSCHNÄPPER

Etwa 13 cm lang. Brütet bei uns und zieht ab Ende Juli bis September nach Afrika. Nimmt gern Nistkästen an. Bewohnt Laubwälder. Frißt Insekten und ihre Larven.

WEISSE
FLECKEN AN
FLÜGELN UN
SCHWANZ

BRAUNKEHLCHEN*

Etwa 13 cm lang. Ist bei uns recht selten geworden. Überwintert im tropischen Afrika. Bewohnt Wiesen mit Gebüschen. Frißt Insekten.

SCHWARZKEHLCHEN*

Etwa 13 cm lang. Überwintert im Mittelmeergebiet. Lebt in trockenem Gelände mit Büschen. Frißt Insekten und Spinnen.

STEINSCHMÄTZER

Etwa 15 cm lang. Brütet bei uns und zieht im September nach Afrika und Südasien. Lebt auf offenem Gelände mit Steinhaufen. Sucht neben Insekten und Spinnen auch Beeren.

GRAUSCHNÄPPER

Etwa 14 cm lang. Unauffälliger Vogel. Brütet bei uns, überwintert in Afrika. Lebt an Waldrändern, in Parks und Gärten. Jagt Insekten, frißt aber auch Beeren.

SITZT GERN IN AUFRECHTER HALTUNG AUF ZWEIGEN

GARTENROTSCHWANZ

Etwa 14 cm lang. Macht knicksende Verbeugungen. Häufig in Gärten und Wäldern. Überwintert in Afrika und Arabien. Frißt Insekten.

HAUSROTSCHWANZ

Etwa 14 cm lang. Brütet bei uns (oft in Gebäuden). Überwintert im Mittelmeergebiet. Ist sehr flink und fängt Insekten.

ROTKEHLCHEN

Etwa 14 cm lang. Ist häufig, brütet bei uns und bleibt auch im Winter hier. Lebt in Wäldern mit dichtem Unterwuchs, in Parks und Gärten. Hält sich viel auf dem Boden auf und frißt Insekten, Würmer und Früchte.

NACHTIGALL

16-17 cm lang. Hat einen auffallend schönen Gesang. Brütet bei uns, überwintert in Afrika. Lebt in Gehölzen und Hecken. Nahrung wie beim Rotkehlchen.

WACHOLDER-DROSSEL

25-26 cm lang. Unsere farbigste Drossel. Lebt in Obstgärten und Parks. Frißt Insekten und Früchte.

RINGDROSSEL

Etwa 24 cm lang. Lebt bei uns in den Alpen und Mittelgebirgen und überwintert in Südeuropa. Braucht Nadelwald. Frißt Insekten und Würmer.

JUNGVÖGEL SIND HELLER UND MEHR GEFLECKT

AMSEL

25-27 cm lang. Brütet bei uns und bleibt in Ortschaften auch im Winter hier. Ihre Zahl nimmt zu.

PIROL

Etwa 24 cm lang. Das Männchen hat einen auffallenden, flötenden Ruf. Brütet bei uns, zieht zum Überwintern nach Afrika. Lebt in Laubwäldern, Parks und Gärten. Frißt Raupen und Früchte.

ROTDROSSEL*

Etwa 21 cm lang. Der Zugvogel brütet in Nordeuropa und fliegt im Frühjahr und Herbst abends über unser Gebiet.

SINGDROSSEL

Etwa 23 cm lang. Brütet bei uns, überwintert am Mittelmeer und Westeuropa. Lebt in Wäldern und Parks, auch in Ortschaften. Frißt gern Schnecken.

MISTELDROSSEL

Etwa 27 cm lang. Brütet hier und zieht im Herbst nach Süden. Lebt in Wäldern. Sucht Schnecken und Würmer, frißt auch gern Mistelbeeren.

STAR

Etwa 22 cm lang. Häufig. Brütet bei uns und überwintert auch teilweise hier. Frißt Würmer und Schnecken, aber auch Weintrauben und Kirschen.

SCHWANZMEISE

Etwa 14 cm lang (mehr als die Hälfte Schwanz). Brütet bei uns und lebt in Gehölzen und Gebüschen. Sucht Insektenlarven.

HAUBENMEISE

11-12 cm lang. Brütet und überwintert bei uns. Lebt in Nadelwäldern und Parks, frißt Insekten und Spinnen.

TANNENMEISE

Etwa 11 cm lang. Brütet in Nadelwäldern. Frißt kleine Insekten und Samen.

BLAUMEISE

11-12 cm lang. Brütet und überwintert bei uns. Lebt in Laubwäldern, ist in Orten seltener als die Kohlmeise. Frißt Insekten und Spinnen.

SUMPFMEISE

11-12 cm lang. Brütet bei uns. Lebt in Laubwäldern, kaum in Orten. Frißt Insekten, Samen und Früchte.

KOHLMEISE

Etwa 14 cm lang. Bei uns die größte Meise. Brütet und überwintert bei uns. Lebt in Laubwäldern und Gärten. Nimmt leicht Nistkästen an. Frißt Insekten.

SCHWARZER STREIFEN AUF GELBEM BAUCH

KLEIBER

Etwa 14 cm lang. Klettert auch kopfabwärts an Baumstämmen. Brütet und überwintert bei uns. Lebt in lichten Laubwäldern. Frißt Insekten, Spinnen und Samen.

WALDBAUMLÄUFER

12-13 cm lang. Brütet und überwintert bei uns. Lebt in Mischwäldern und klettert wie ein Specht an den Stämmen herum. Benutzt den Schwanz als Stütze.

WEISSER STREIFEN

WINTERGOLDHÄHNCHEN

Etwa 9 cm lang. Unsere kleinsten Vögel. Brüten bei uns, das Sommergoldhähnchen zieht aber im Herbst nach Süden. Leben meist in Nadelwäldern. Fressen Insekten und Spinnen.

SOMMERGOLDHÄHNCHEN

BUCHFINK

15-16 cm lang. Einer der häufigsten Vögel. Brütet bei uns, die Weibchen ziehen meist im Herbst nach Süden. Lebt in Gehölzen aller Art. Ist in Parks zutraulich. Frißt Insekten, Knospen, Früchte.

DER KOPF DES ♂ IST IM WINTER BRAUN GEFLECKT

BERGFINK

Etwa 15 cm lang. Brütet in Nordeuropa – manchmal auf Helgoland – und überwintert bei uns in Wäldern. Frißt Samen und Insekten.

GRÜNLING

Etwa 15 cm lang. Ist häufig. Brütet und überwintert bei uns. Lebt in Parks und lichten Wäldern. Frißt Knospen, Beeren und Samen.

ZEISIG

Etwa 12 cm lang. Bei uns vor allem in den Alpen und Mittel gebirgen. Frißt Früchte der Erlen und Birken sowie Fichten- und Tannensamen.

GIMPEL

15-16 cm lang. Brütet und überwintert bei uns. Lebt vorwiegend in Nadelwäldern, auch in Parks. Frißt Samen von Nadelbäumen, die er vom Boden aufsucht, aber auch Früchte der Laubbäume.

HÄNFLING

13-14 cm lang. Brütet und überwintert bei uns. Ist häufig. Lebt in Gebüschen auf Feldern und Wiesen, in Weinbergen und Gärten. Frißt Samen, seltener Insekten.

BIRKENZEISIG

Etwa 13 cm lang. Die in England und Mitteleuropa vorkommende Rasse ist etwas dunkler gefärbt als die nordeuropäische. Brütet in den Alpen, die nordischen Vögel überwintern bei uns in Laubwäldern.

STIEGLITZ

Etwa 12 cm lang. Brütet und überwintert bei uns. Lebt in Gebieten mit hohen Bäumen. Frißt Früchte von Disteln und Kornblumen.

FICHTENKREUZSCHNABEL

16-18 cm lang. Bei uns meist in Nadelwäldern der Gebirge. Ernährt sich von Fichtensamen, die aus dem Zapfen gezogen werden.

EICHELHÄHER

Etwa 35 cm lang. Auffallend durch seinen Ruf. Brütet und überwintert bei uns. Lebt in Wäldern. Frißt Kleintiere und Vögel sowie Früchte und Samen.

KOLKRABE

57-67 cm lang. Hat einen dicken Schnabel. Brütet bei uns nur noch in den Alpen, im Schwarzwald sowie in Norddeutschland. Frißt vor allem Kleintiere und Aas.

DOHLE

Etwa 33 cm lang. Brütet und überwintert bei uns. Lebt in lichten Wäldern, Parks und Ortschaften, vor allem in Kirchtürmen. Brütet oft in Kolonien. Ist Allesfresser: frißt Würmer, Kleinsäuger, Vögel, Samen, Früchte und Abfälle.

RABENKRÄHE

NEBELKRÄHE

47-49 cm lang. Die Rabenkrähe lebt linkselbisch, während die Nebelkrähe eher östlich zu finden ist. Beide gehören zu den Aaskrähen.

SAATKRÄHE*

Etwa 46 cm lang. Brütet und überwintert bei uns. Lebt in offenem Gelände mit Bäumen. Frißt Getreide, Früchte, Insekten, Kleinsäuger, Schnecken und Würmer.

ELSTER

45-47 cm lang. Brütet und überwintert bei uns. Lebt in offenem Gelände mit Baumgruppen. Frißt Jungvögel, Küken, Insekten und Pflanzen.

HAUSSPERLING

Etwa 15 cm lang. Häufig. Brütet und überwintert bei uns. Lebt vor allem in Ortschaften. Frißt Früchte und andere Pflanzenteile und Insekten.

♂ UND ♀ SIND GLEICH GEFÄRBT

FELDSPERLING

Etwa 14 cm lang. Brütet und überwintert bei uns. Lebt in Obstgärten, an Waldrändern und Hecken. Bildet meist Schwärme. Frißt Pflanzenteile und Insekten. Nimmt Nistkästen an.

GOLDAMMER

16-17 cm lang. Brütet und überwintert bei uns. Lebt in Parks, an Waldrändern und in Weinbergen. Frißt Insekten und Pflanzenteile. Bildet kleine Schwärme.

ROHRAMMER

15-16 cm lang. Brütet und überwintert bei uns. Lebt in Uferröhrricht und an feuchte Wiesen. Frißt Samen und Früchte, Insekten und Spinnen.

GRAUAMMER

Etwa 18 cm lang. Brütet und überwintert bei uns. Lebt auf Feldern. Frißt Pflanzenteile, Insekten und Schnecken.

Farbrätsel

Erkennst du diese Vögel? Versuche, sie so genau wie möglich bunt zu malen.

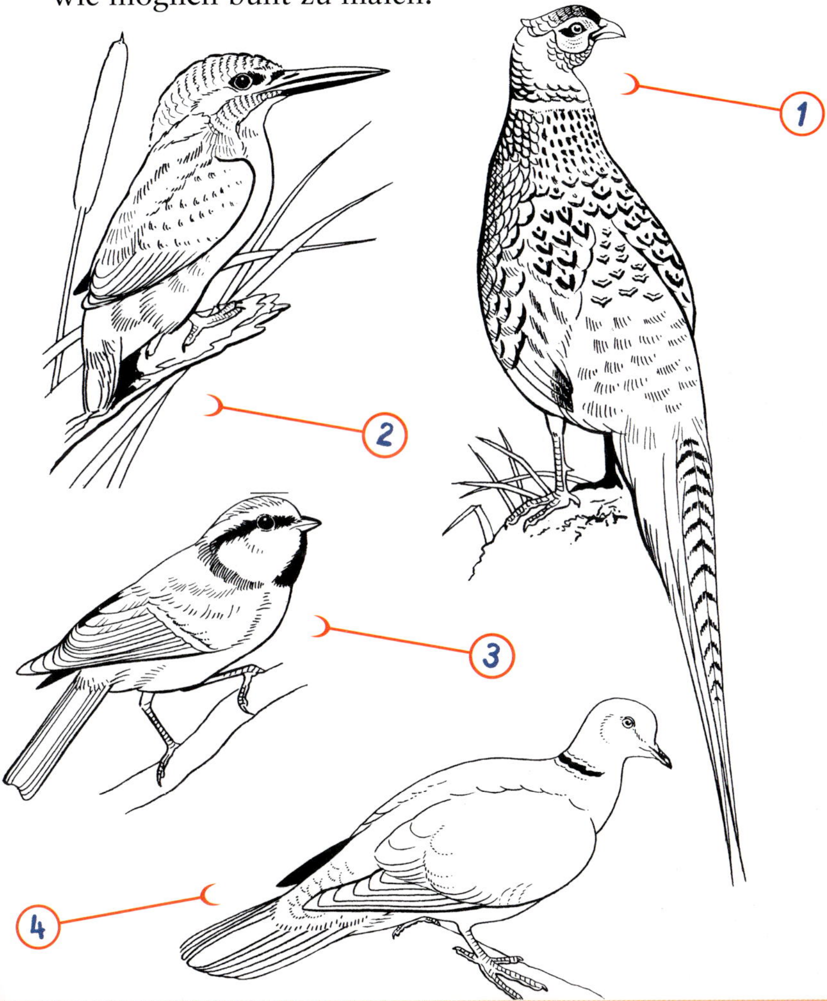

1=FASAN (MÄNNCHEN) 2=EISVOGEL 3=BLAUMEISE 4=TÜRKENTAUBE

Bilderrätsel

Welcher Fuß gehört zu welchem Vogel? In der Mitte des Bildes sind neun Füße dargestellt. Finde zu jedem Fuß den richtigen Vogel. Die Auflösung ist unten auf der nächsten Seite.

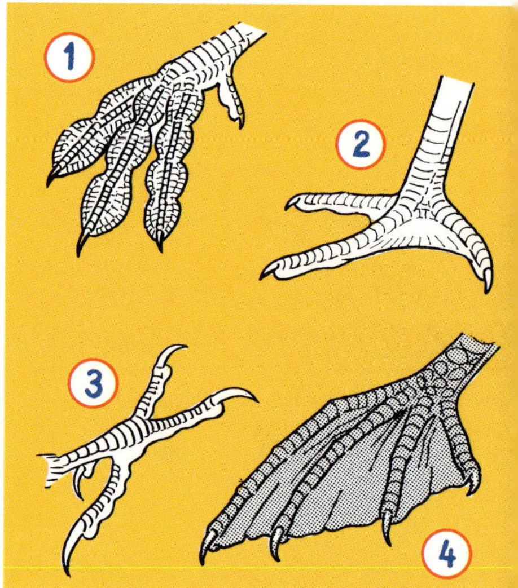

ROTKEHLCHEN

STEINADLER

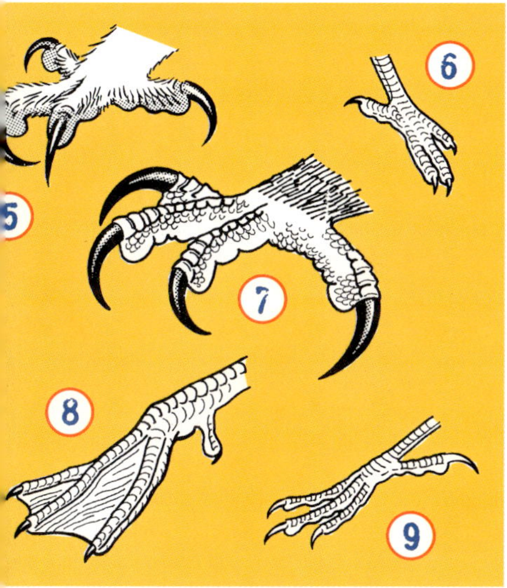

WALDKAUZ

AUSTERNFISCHER

BLÄSSHUHN

1=BLÄSSHUHN 2=AUSTERNFISCHER 3=KLEINSPECHT 4=KORMORAN 5=WALDKAUZ
6=EISVOGEL 7=STEINADLER 8=STOCKENTE 9=ROTKEHLCHEN

Wie heißen diese Vögel?

Kannst du diese Vögel bestimmen?
Schreibe ihre Namen an die richtige Stelle. Die Antwort findest du unten auf der nächsten Seite.

1=MAUERSEGLER 2=WALDSCHNEPFE 3=SÄBELSCHNÄBLER 4=AUERHUHN 5=RAUCH-SCHWALBE 6=BASSTÖLPEL 7=BIRKHUHN 8=KIEBITZ 9=HAUBENTAUCHER

Wir bauen ein Futterbrett

Du kannst Vögel, die du beobachten willst, zwar nicht festbinden, aber du kannst sie verlocken, sich nahe deinem Fenster aufzuhalten. Du brauchst ihnen nur regelmäßig Futter zu streuen.

Am besten geeignet ist hierfür ein Futterbrett, das du außen am Fensterbrett oder an einem Baum befestigen kannst. Hänge es so auf, daß es von keiner Katze zu erreichen ist.
Vor allem im Winter – etwa in der Zeit von Oktober bis März – ist es wichtig, den Vögeln Futter zu geben, damit sie diese Hungerzeit besser überstehen. Streue aber bitte keine Brot- oder Kuchenkrümel und auch keine Speisereste aus, denn diese Nahrung ist für die meisten Vögel schädlich. Am besten opferst du etwas von deinem Taschengeld und kaufst in einer Zoohandlung Körnerfutter, einen Meisenring oder etwas Ähnliches.
Für das Futterbrett brauchst du ein Holzbrett von 40 cm Länge und Breite, 4 Leisten, die 2 cm hoch, 2 cm breit und 30 cm lang sind, außerdem 8 Schrauben und 4 Ösen sowie eine Schnur.

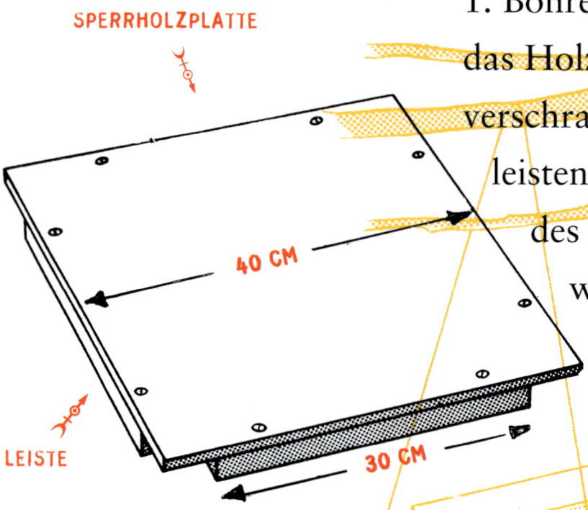

1. Bohre Löcher durch das Holzbrett und verschraube die Holzleisten auf den Kanten des Holzbrettes, so wie es auf der Abbildung gezeigt ist.

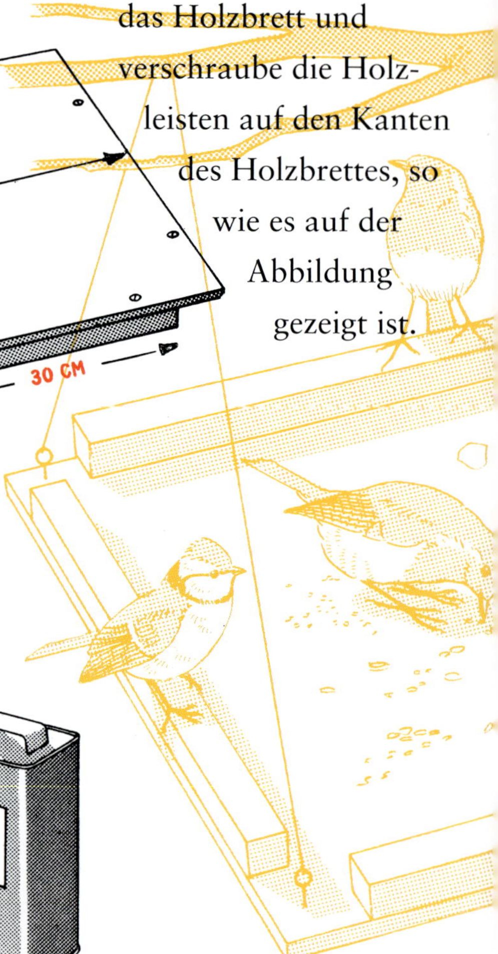

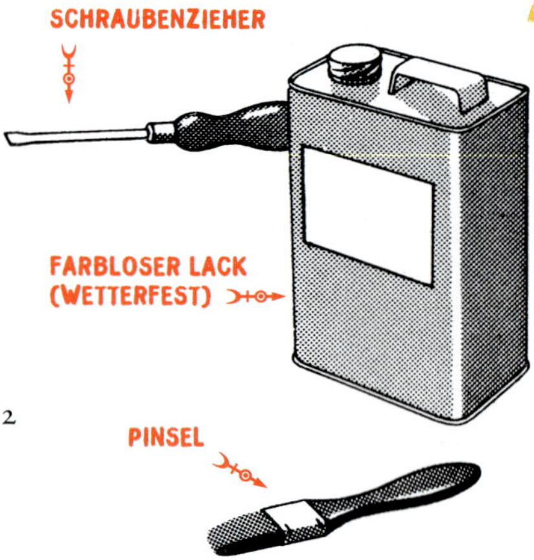

2. Streiche das ganze Brett auf beiden Seiten mit farblosem Lack.

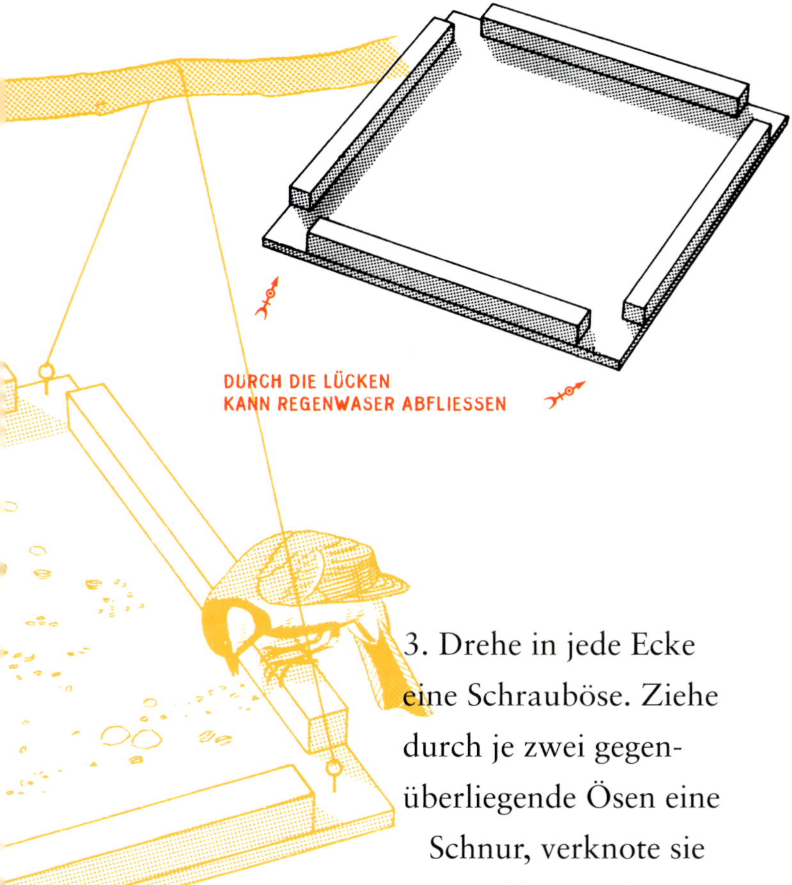

3. Drehe in jede Ecke eine Schrauböse. Ziehe durch je zwei gegenüberliegende Ösen eine Schnur, verknote sie und hänge das Brett an einen nicht zu dicken Ast.

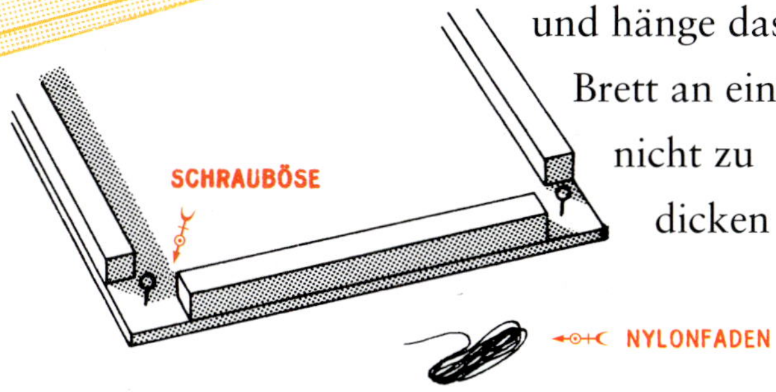

Ein Beobachtungskalender

Einige Zeit, nachdem du den Vögeln Futter gestreut hast, werden sich am Futterplatz Dauergäste einstellen. Damit du nicht vergißt, welche Vögel du beobachtet hast, solltest du dir ein Buch einrichten, in das du alle Ergebnisse eintragen kannst. Zuerst solltest du eine Tabelle anlegen, wie sie die Abbildung zeigt. Das ist natürlich nur ein Vorschlag von vielen möglichen. Wenn du diese Unterlagen über mehrere Jahre gesammelt hast, kannst du sie zusammenstellen und einer örtlichen Arbeitsgruppe für Vogelkunde zur Verfügung stellen.

	Kreuze die Monate an												Nahrung		Getrunken	Gebadet	Nest
	1	2	3	4	5	6	7	8	9	10	11	12	von mir	natürl.			
Haussperling																	
Rotkehlchen																	
Blaumeise																	
Kohlmeise																	
Star																	
Hausrotschwanz																	
Amsel																	
Saatkrähe																	
Grünling																	
Fasan																	
Stockente																	
Höckerschwan																	
Graugans																	
Kuckuck																	

Vogelschutz

Wenn du häufiger Vögel beobachtest, wirst du bald bemerken, daß du viele der in diesem Buch abgebildeten Vögel überhaupt nicht zu sehen bekommst. Diese Vögel waren bei uns keineswegs immer so selten wie heute. Sie sind erst in den letzten Jahrzehnten so rar geworden. Gerade bei den Vögeln hat die zunehmende Zerstörung unserer Landschaft katastrophale Folgen gehabt. Etwa 1/3 aller Vogelarten, die normalerweise bei uns brüten würden, sind entweder ausgerottet oder so selten geworden, daß sie von der Ausrottung bedroht sind.
Die Wissenschaftler, die sich mit der Vogelkunde beschäftigen, haben diese Arten in einer „Roten Liste“ zusammengestellt: „Die in der Bundesrepublik Deutschland gefährdeten Vogelarten“.
Die Liste wird leider auch heute noch immer länger. Damit du diese Vögel besonders beachtest, sind sie in den Beschreibungen mit

einem Stern * hinter ihrem Namen gekennzeichnet worden.
Was kannst du tun, um eine weitere Ausrottung der Vögel zu verhindern?
Mit dem Futterstreuen im Winter ist genauso wenig getan wie mit Protestmärschen.
Wenn du einen Garten hast, so sorge dafür, daß keine Insektenvernichtungsmittel gespritzt werden und möglichst viel Gebüsch angepflanzt wird. Sprich mit deinen Nachbarn darüber. Wenn sie mitmachen, werden sich bald so viele Vögel ansiedeln, daß alle Insektengifte überflüssig sind.
Wenn du Vögel beobachtest, störe sie nicht beim Brüten, laufe nicht durch die Schilfgürtel der Ufer und durch den Unterwuchs der Wälder.
Noch mehr kannst du tun, wenn du dich einem Verein für Vogelkunde anschließt. Auf jedem Bürgermeisteramt wird man dir sagen können, wo es in der Nähe eine solche Arbeitsgemeinschaft gibt.

Namensverzeichnis

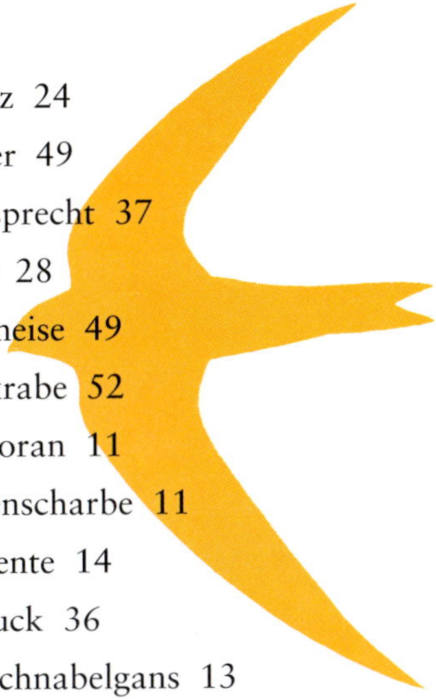

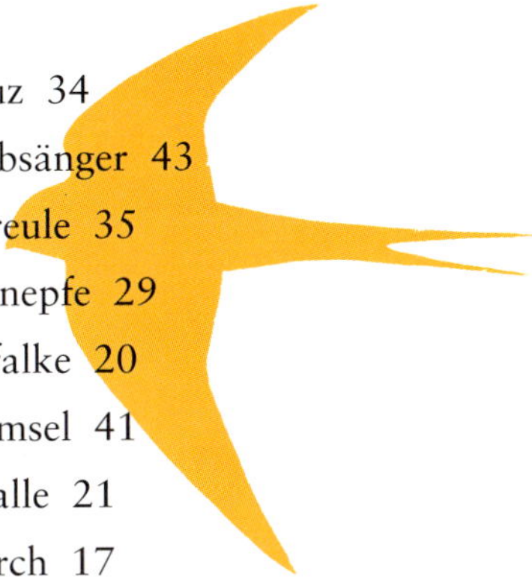

Punktekarten

In diesen Punktekarten sind die Vögel in der gleichen Reihenfolge eingetragen wie bei den Abbildungen und Beschreibungen. Wenn du Vögel beobachtest, so schreibe zuerst das Datum an die dafür vorgesehene Stelle. Dann trägst du die Punkte ein für jede Vogelart, die du gesehen hast. Die Anzahl steht hinter dem Namen.

Seite	Art (Name des Vogels)	Pkt.	Datum	Datum	Datum
11	Krähenscharbe	25			
11	Baßtölpel	25			
11	Kormoran	25			
12	Ringelgans	25			
12	Kanadagans	20			
12	Graugans	25			
12	Nonnengans	25			
13	Kurzschnabelgans	25			
13	Saatgans	25			
13	Bläßgans	25			
13	Höckerschwan	10			
13	Singschwan	20			
13	Zwergschwan	25			
14	Stockente	5			
14	Krickente	15			
14	Pfeifente	20			
14	Spießente	20			
15	Löffelente	20			
15	Tafelente	15			
15	Reiherente	15			
15	Eiderente	15			
16	Schellente	20			
16	Mittelsäger	25			
		Summe			

Seite	Art (Name des Vogels)	Pkt.	Datum	Datum	Datum
16	Gänsesäger	25			
16	Brandgans	15			
17	Haubentaucher	15			
17	Zwergtaucher	15			
17	Graureiher	20			
17	Weißstorch	25			
18	Fischadler	25			
18	Steinadler	25			
18	Rotmilan	20			
19	Mäusebussard	10			
19	Sperber	25			
19	Turmfalke	10			
20	Baumfalke	20			
20	Wanderfalke	25			
20	Habicht	25			
20	Wespenbussard	25			
21	Teichhuhn	10			
21	Bläßhuhn	10			
21	Wachtelkönig	25			
21	Wasserralle	25			
22	Moorschneehuhn	25			
22	Sch. Moorschneehuhn	25			
22	Alpenschneehuhn	25			
		Summe			

Seite	Art (Name des Vogels)	Pkt.	Datum	Datum	Datum
22	Birkhuhn	25			
23	Auerhuhn	25			
23	Rebhuhn	10			
23	Fasan	10			
23	Rothuhn	25			
24	Kiebitz	10			
24	Austernfischer	15			
24	Steinwälzer	20			
25	Sandregenpfeifer	15			
25	Flußregenpfeifer	20			
25	Goldregenpfeifer	20			
26	Rotschenkel	15			
26	Grünschenkel	20			
26	Flußuferläufer	20			
26	Uferschnepfe	20			
27	Pfuhlschnepfe	20			
27	Regenbrachvogel	20			
27	Großer Brachvogel	25			
28	Alpenstrandläufer	10			
28	Knutt	20			
28	Sanderling	20			
28	Kampfläufer	20			
29	Waldschnepfe	25			
		Summe			

Seite	Art (Name des Vogels)	Pkt.	Datum	Datum	Datum
29	Bekassine	25			
29	Säbelschnäbler	25			
30	Ringeltaube	5			
30	Hohltaube	15			
30	Felsentaube	25			
30	Türkentaube	10			
30	Turteltaube	15			
31	Tordalk	25			
31	Trottellumme	25			
31	Eissturmvogel	25			
31	Papageitaucher	25			
32	Lachmöwe	5			
32	Mantelmöwe	15			
32	Heringsmöwe	15			
32	Sturmmöwe	15			
33	Silbermöwe	5			
33	Küstenseeschwalbe	20			
33	Flußseeschwalbe	15			
33	Trauerseeschwalbe	20			
33	Zwergseeschwalbe	20			
34	Schleiereule	20			
34	Steinkauz	15			
34	Waldkauz	15			
		Summe			

Seite	Art (Name des Vogels)	Pkt.	Datum	Datum	Datum
34	Sperlingskauz	15			
35	Sumpfohreule	20			
35	Waldohreule	20			
35	Rauhfußkauz	25			
35	Zwergohreule	25			
36	Wiedehopf	25			
36	Ziegenmelker	25			
36	Kuckuck	15			
36	Eisvogel	25			
37	Buntspecht	10			
37	Schwarzspecht	20			
37	Grünspecht	15			
37	Kleinspecht	15			
38	Rauchschwalbe	10			
38	Mauersegler	10			
39	Uferschwalbe	20			
38	Mehlschwalbe	10			
39	Feldlerche	10			
39	Haubenlerche	15			
39	Wiesenpieper	15			
39	Baumpieper	15			
39	Heckenbraunelle	15			
40	Trauerbachstelze	25			
		Summe			

Seite	Art (Name des Vogels)	Pkt.	Datum	Datum	Datum
40	Bachstelze	10			
40	Gebirgsstelze	15			
40	Schafstelze	15			
41	Seidenschwanz	25			
41	Wasseramsel	20			
41	Zaunkönig	10			
41	Neuntöter	20			
41	Raubwürger	25			
42	Schilfrohrsänger	20			
42	Teichrohrsänger	15			
42	Gartengrasmücke	15			
42	Mönchsgrasmücke	10			
43	Dorngrasmücke	20			
43	Fitis	10			
43	Zilpzalp	10			
43	Waldlaubsänger	15			
44	Trauerschnäpper	15			
44	Braunkehlchen	15			
44	Schwarzkehlchen	20			
44	Steinschmätzer	20			
45	Grauschnäpper	15			
45	Gartenrotschwanz	15			
45	Hausrotschwanz	10			
		Summe			

Seite	Art (Name des Vogels)	Pkt.	Datum	Datum	Datum
45	Rotkehlchen	10			
45	Nachtigall	15			
46	Wacholderdrossel	10			
46	Ringdrossel	20			
46	Amsel	5			
46	Pirol	15			
47	Rotdrossel	20			
47	Singdrossel	10			
47	Misteldrossel	10			
47	Star	5			
48	Schwanzmeise	15			
48	Haubenmeise	15			
48	Tannenmeise	10			
48	Blaumeise	5			
48	Sumpfmeise	10			
49	Kohlmeise	5			
49	Kleiber	10			
49	Waldbaumläufer	15			
49	Wintergoldhähnchen	10			
49	Sommergoldhähnchen	10			
50	Buchfink	5			
50	Bergfink	15			
50	Grünling	5			
		Summe			

Seite	Art (Name des Vogels)	Pkt.	Datum	Datum	Datum
50	Zeisig	15			
51	Gimpel	10			
51	Hänfling	10			
51	Birkenzeisig	20			
51	Stieglitz	10			
52	Fichtenkreuzschnabel	15			
52	Eichelhäher	10			
52	Kolkrabe	20			
52	Dohle	10			
53	Rabenkrähe	10			
53	Nebelkrähe	15			
53	Saatkrähe	15			
53	Elster	10			
54	Haussperling	5			
54	Feldsperling	10			
54	Goldammer	10			
54	Rohrammer	15			
54	Grauammer	20			
		Summe			
		Gesamt-Summe			